居家空间创意集 II

奢华古典韵

深圳市海阅通文化传播有限公司　主编

中国建筑工业出版社

人生就像一场旅行，每个阶段都有不一样的风景和期望。随着大部分人经济水平的提高和对生活品质、水平的重新认识，家，对于大多数人来说，已经不再只是工作之余的栖所，不再是简单的热炕头，更多地表现为全家人其乐融融、释放压力、体会生活和感悟人生的空间。

本系列图书以家为出发点，试图为大家呈现不同形式和风格的家的空间。每一种风格都是一段时光和岁月积淀的精华，它们或奢华，或沉稳，或温馨，或浪漫，但最终流露出来的只有爱和回归。所有金碧辉煌的雕饰、工艺繁复的家具、柔和浪漫的灯光、姹紫嫣红的花束，都是爱的表现。

《居家空间创意集》以当下四种流行的室内设计风格为类别，收纳丰富的项目设计案例，是帮助读者进行家庭装修和设计学习的参考读物。自出版以来，一直受到读者朋友们的喜爱。《居家空间创意集II》在此系列的基础上进行了调整、完善并细化，以"美式浪漫风"、"现代极简意"、"沉稳新中式"和"奢华古典韵"为主题，分别展现出了经典美式、现代简欧、沉稳中式和奢华欧式的精彩设计。

奢华古典韵

提到奢华古典，首先让人联想到的便是各种宫廷建筑，它们气势恢弘、壮丽华贵、精雕细琢、庄重优雅，充满了贵族气质。

奢华古典中最经典的要数欧洲古典，室内讲究合理对称，细节繁复奢华，多采用带有图案的壁纸，譬如绘有碎花、圣经故事的场景等；木质地板上多铺有地毯，落地窗上垂落下精心刺绣的窗帘，同时也注重使用床罩、帐幔，墙面上挂古典装饰画等装饰性的物件。

奢华古典的风格形体变化多样，具有强烈的层次感。它典雅高贵，同时深沉而又豪华，具有浓郁的人文气息和历史沉淀，这使得古典奢华风格的室内设计受到越来越多的精英人士或注重生活品质的人的关注。

本书收录了多个精彩华贵的奢华古典设计作品，欢迎您翻开此书，与我们一同感受奢华古典带来的视觉冲击和历史韵味。

目录

设计单位：DoLong 设计 | 大品装饰

项目地点：江苏南京

项目面积：195m^2

摄　　影：金啸文空间摄影

奢华古典韵

大奢至尚

经过设计师的精心设计、布置以及对空间和格局的独到处理，整个空间显得古典温馨而又不单调。黑与白两个极端的色系是这里的主基调。其实很少有人会把这样的颜色用在新古典的设计中，而我们却在跟业主仔细沟通揣摩之后，将这样的灵光付诸实现，最终成就了我们的惊叹和遐想。

客餐厅运用简练的顶棚线条和大理石，在此新古典的基调已经确立，再通过选用香槟色的硬包材质、高反光度的黑钛不锈钢、色彩凝重的家具来强化作品的特色。本案黑白的主色之外，银色和香槟色的运用也较为大胆。从灯具到壁画框边、家具镶饰，似流水般的银色无不给人一种气质高雅的感觉。

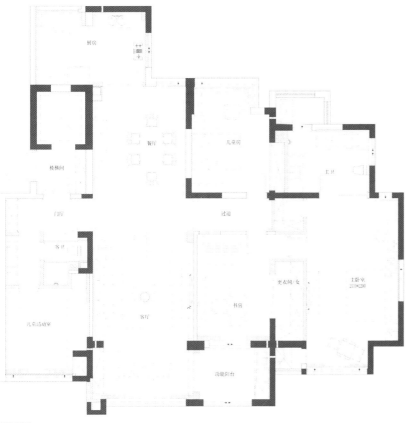

平面图

或许金色会让人联想到金碧辉煌，但银色和香槟色似乎更容易与这里的黑白和谐过渡，柔化了黑白的硬朗，让居室成为一个温暖的家。主卧室色调沉稳，床品都选用黑白银三色，床头板纹饰华美，精雕细刻，配以各种摆饰，显得格外古典和奢华，营造出居室的暖意和温情。

设计单位：DoLong 设计 | 大品装饰

设　计　师：李启明

项目地点：江苏南京

项目面积：220m²

Colorful Life

女业主喜欢欧美风以及女生都爱的闪亮耀眼奢华的风格，而男业主却喜欢个性十足、纯色系以及各类稀奇古怪的创意造型和细节。最终，设计师结合男女业主各自的喜好，决定用古典欧式的风格来塑造整体大框架，并在后期的设计中加入纯色系乳胶漆，加入他俩收集的各类小玩意，围绕"colorful life"的概念，将整个空间打造成如同儿童乐园般个性迷人的创意住宅。

每一处地方，都是一次用心。

每一次点缀，都是一次探险。

虽琐事纷扰，依然愿大家能如孩童般开心快乐，拥有自己的乐园。

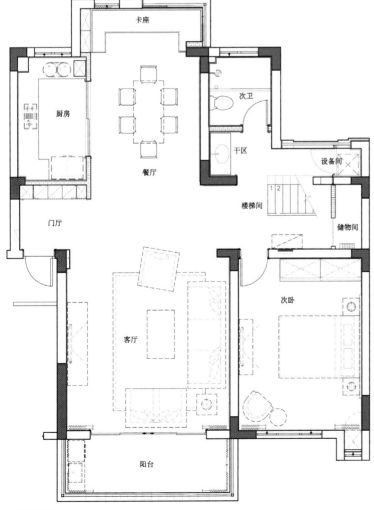

一楼平面图

二楼平面图

设计单位：尚层装饰（北京）有限公司

设 计 师：王磊

项目地点：北京

项目面积：280m²

阳光上东

米色和浅卡其色的柔和搭配尽显业主随和温润的性格，有着与生俱来的优雅和舒适，加之法式新古典的整体风格，婉转娴静之中又透着几许贵族风范。和米色糅合的，是富含生命力的翠绿，简单的靠垫和抱枕，一组相宜的沙发，不仅增加了会客厅的浓郁感，也和淡绿色墙面呼应，使得生命的气息扑面而来。桌角的座钟增加了历史的厚重感，平添了几许沉稳的气质；轻浮雕的地毯也使空间感觉更加立体而饱满。墙壁油画以业主偏爱的独角兽为主角，既增强了空间归属感，也为客厅注入了更多的灵动。满墙的手绘壁纸，是春意，更是生机。黑白的西式钢琴，加上古朴的中式收藏柜和复古的仕女摆件，中西合璧的新时代元素展现得淋漓尽致。业主的客厅单面是大面积的落地飘窗，适度的绿色元素既可以活跃空间气氛，又能有效地吸收光线，使得居住空间不致因光线过强而刺眼，很好地结合

了实用性和观赏性。

女儿房中大面积使用天鹅绒紫色面料，使得高贵婉约的气质不言自明。柔软皮草床盖的使用，更能满足业主内心深处的浪漫情怀。浮

雕印花衣柜和暗纹壁纸互成呼应，增加了室内空间的和谐度，也使得贵族气息毫不浮夸。水绿色作为主打色系的餐厅，带着一缕清新的气息扑面而来。

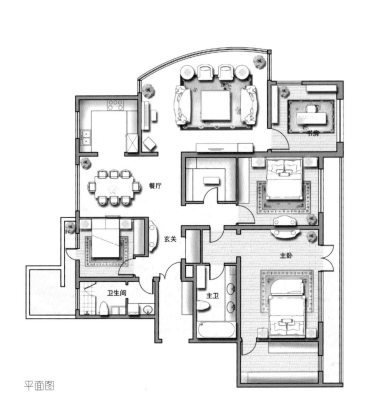

平面图

设计单位：尚层装饰（北京）有限公司
设 计 师：徐小英、张歆悦
项目地点：北京
项目面积：300m²

奢
华
古
典
韵

首开铂郡

将整体空间化零为整、追求空间划分的独立性及合理性。借着室内空间的结构和重组，便可以满足我们对悠然自得的生活的向往和追求，让我们在纷扰的现实生活中找到平衡，缔造出一个令人心驰神往的写意空间。本案在设计手法上追求平衡及对称。设计风格为欧式，主要色调为偏暖的混合色，例如米色、咖啡色等，配以石材、木质及布艺，营造一个舒适温馨的空间，气质典雅、自然、高贵，情调浪漫。

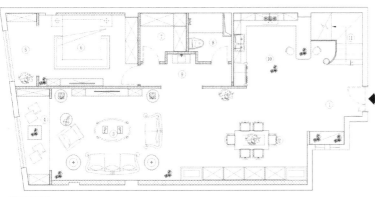

一楼平面图

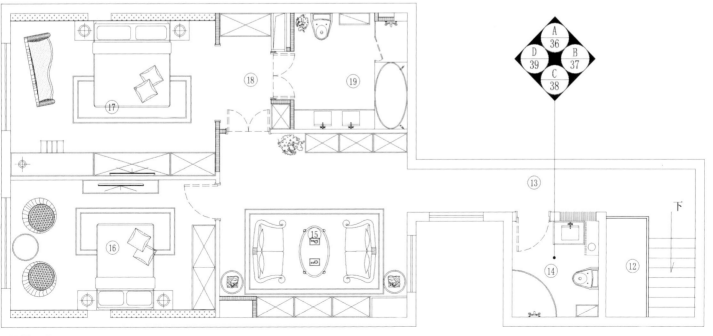

二楼平面图

设计单位：尚层装饰（北京）有限公司
设 计 师：孙涛、韩森
项目地点：河北张家口
项目面积：300m²

奢华古典韵

荣辰庄园

应业主的要求，本案的设计保留了两个卧室，男女主人卧室分开，有独立的衣帽间和充足的收纳空间。书房的设计满足男主人在家偶尔办公的要求。餐厅宽敞开阔；厨房分为中式和西式；客厅开阔大气，以供女主人邀请一些女伴来家里做客，彰显品位。

本案的主要色调为偏暖的混合色，例如米色、咖啡色等，营造一个温馨、舒适、干净的居住空间。

本案还采用了质感奢华却不浮夸的材质，在装饰上杜绝形式上的奢饰，注重格局空间的美感，注重装饰的自然化和隐藏化。

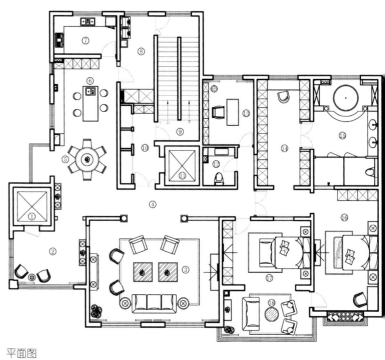

平面图

设计单位：尚层装饰（北京）有限公司

设 计 师：张恒

项目地点：北京

项目面积：700m²

奢华古典韵

珠江一千栋

灰影的存在让整个客厅安静很多，看着它，似乎有一股让人心静的力量。纯净的蓝色表现出一种美丽、冷静、理智、安详与广阔，灰蓝色呈现的则是一种沉稳而又浪漫的美。

餐厅设计主要以蓝色和紫色搭配，两种颜色混合在一起散发出浪漫气息，理性中透着无尽感性，娇艳欲滴中又渗着淡淡的静思。女孩房延续了一直以来惯用的颜色，以粉色系为主，整个空间让小朋友们置于一个充满梦幻泡泡与抽象设计的超现实世界中。充满活力而明亮的夏日色彩搭配柔和的粉蜡色，再一次让小屋感受夏日的洗礼。主卧的设计风格定位为新古典，因为它的身上既有浪漫的基调，又有细腻的造型。进入父母房，你会发现蓝色调让整个空间清新淡雅，脱离了以往的厚重感，浅咖色与米白色壁纸则让房间的整体色调变得亮堂。

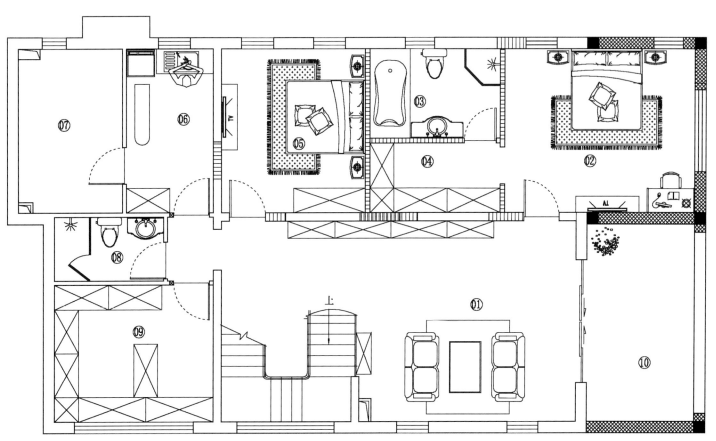

一楼平面图

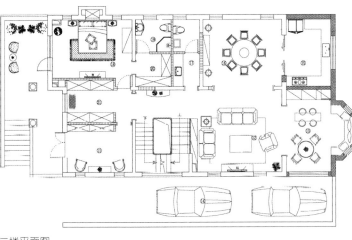

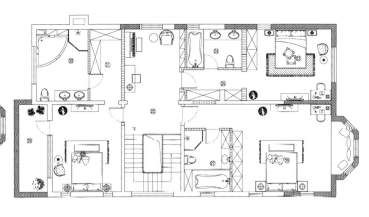

二楼平面图　　　　　　　　　　　　　　　　　　　　三楼平面图

设计单位：大墅尚品—由伟壮设计

设 计 师：由伟壮

项目地点：江苏常熟

项目面积：400m²

奢华古典韵

巴黎密语

法国的香水、时装与美食举世闻名，这个国家给我们的感觉是浪漫与精致、感性与华丽，这是一个时尚与传统并存、奢华与低调融合的奇妙国度。

本案业主追求生活的精雕细琢、富贵华丽的生活细节。按照业主的要求，通过别出心裁的设计，为业主营造一种独特的法式奢华的室内风格。本案在空间布局上突出流畅的线条、恢宏的气势，打造豪华舒适的居住空间，强调高贵典雅的贵族风格。

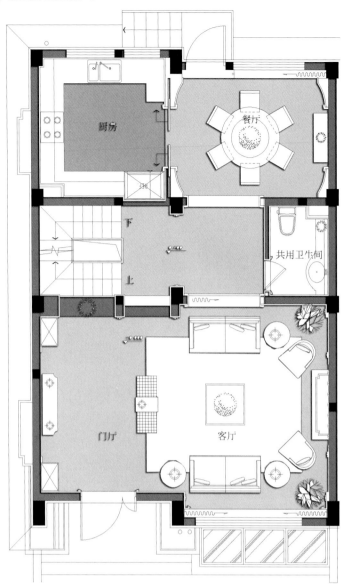

一楼平面图

二楼平面图

三楼平面图

地下室平面图

设计单位：SCD（香港）郑树芬设计事务所

主案设计师：郑树芬

软装设计师：杜恒

项目地点：陕西西安

项目面积：750m²

奢华古典韵

荣禾·曲池东岸 A1 户型

奢华不落俗套，低调体现文化底蕴而不炫富，是雅豪们对欣赏美、享受美的理解。项目分为三层复式，一层、二层为主要功能区，三层为视听室和棋牌室。其中一层分为客厅、中西餐厅、老人房及客房、休闲厅；二层为主卧、男孩房、女孩房、家庭厅、品茶区。四世同堂，天伦之乐近在咫尺。特别是客厅中空上层，挑高 7.5m，尊贵大气，主卧及老人房的八角窗极显奢华，完全符合雅豪之士的品位和需求。

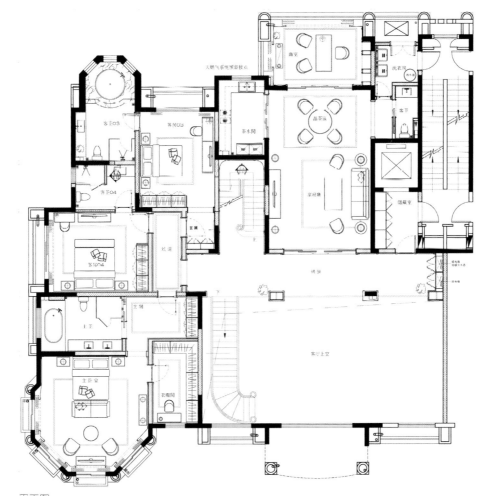

平面图

在空间格调方面，整体清亮光泽，个性的简美设计手法，使空间温暖而高雅，完全体现雅豪们对高品质生活的追求。设计师以精心挑选的材质及艺术品的搭配来表现人本设计理念。家具材质和款式均为 BAKER 品牌家具，设计师以简洁大气的欧美韵致，选用细腻缜密的布艺、木、金属等，其简洁的表象下隐藏着尊贵的内涵。陈设方面没有多余的造型和装饰，一切皆以功能及舒适为本，从本真出发，空间整体气质更为精致尊贵。在元素方面，仍以简美为主线，除软体家具之外，设计师以经典实木家具及实木框架软装沙发作搭配，去掉繁复的细节，简洁明快，大气有形，打造有视觉冲击效果的、拥有生活品质的家庭氛围。

设计单位：SCD（香港）郑树芬设计事务所
主案设计师：郑树芬
软装设计师：杜恒
项目地点：陕西西安
项目面积：480m²

奢
华
古
典
韵

荣禾·曲池东岸 D-1 户型

设计师在负一层的门厅增设了衣帽间，主人回家可将衣帽随手挂起，贵族式生活从此开启。走进一层客厅，超过 6m 的挑高空间，带来天与地的自然通透，欧式风格的楼梯设计和白色造型的墙面，营造出贵族生活气息。由于挑高空间，设计师以一幅比例合适的油画，空间感瞬间丰富起来。宽大的沙发和案几以及随意安放的各种英士风格的摆件、挂画，使屋子更具生活娱乐气息。值得一提的是楼梯铁艺与楼梯间的墙壁间错落有致的几何铁艺图案相互映衬，为墙壁增添了几许生动气息。

欧式、典雅、高贵是该居所的关键词。从主客厅到家庭厅再到餐厅开放式布局，与客厅相连的是家庭厅，欧式风格的墙体搭配水晶灯，舒适的BAKE现代沙发与具有欧式古典韵味的电视柜及地毯搭配，别有一番味道。整个空间都有种沉稳的气息。象征着20世纪70年代的留声机，让欧式气氛更为浓烈。餐厅一侧是中西厨，中西完全独立。一层的会客厅，壁纸是象征传统的富贵花鸟图，给整体白色欧式风格营造了不一样的氛围，而古典欧式家具的运用，让空间丰富而不杂乱。二楼的走廊可以说是一道亮丽的风景线，少了一份嘈杂，多了一份安逸，走廊顿时让空间变得高贵大气。从二楼往下看，偌大的水晶灯悬吊而下，搭配顶棚特别的造型，与下方空间相互映衬。

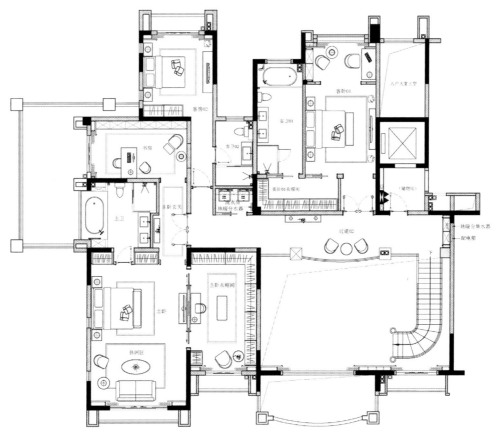

平面图

设计单位：SCD（香港）郑树芬设计事务所

主案设计师：郑树芬

软装设计师：杜恒

项目地点：陕西西安

项目面积：242m²

摄　　影：叶景星

荣禾·曲池东岸二期 C 户型

室内空间的布局一气呵成，对称讲究，和谐统一，自然考究的材质肌理与素雅的色调搭配，尽显淡然精致，令人赏心悦目。设计语言中融入原木材质、法式元素，赋予空间淳朴的田园气息与法式浪漫气质。简约的原木家具、布艺都掩盖不了质朴表象下的品质追求。天然的棉麻刺绣、皮艺拼接、细致纹理壁纸、人字形纹木地板等，赋予空间以自然淡雅的感觉。本案的设计重点在于拥有天然风味的装饰及大方不做作的搭配，以营造出优雅的法式韵味。

与沙发同款的棉麻刺绣布画成为客厅的主角，画面丰富细腻，色调安静温暖，与灰蓝色的地毯呼应。天然质朴的亚麻色调成为主色调，各个空间的色调既自成一体，又通过一些造型别致、富有质感的原木家具来丰富色彩的层次感。无论是客厅还是家庭厅，在搭配方面都非常讲究。色彩柔和的西洋风情图案地毯、造型优美的法兰西瓷器、棉麻刺绣布艺、花卉床品等都散发着淡淡的优雅，清浅的浪漫气息氤氲在每个角落。浅杏色的肌理明晰，手感舒适的刺绣布艺餐椅与同色系脉络纹理的大理石地板搭配，营造了温馨愉悦的就餐氛围。主卧的设计采用了浅色调的玫瑰花壁纸、花卉床品、白色流纹形木柜和柔美的陶瓷摆件，于细节处展示着法式的浪漫。儿童房以天蓝色为主，营造一个轻松自然的空间。温和的暖黄色调让次卧充满舒适感，亚黄色的法式花鸟图床品和墙壁上的花卉画都透着一脉淡淡的优雅。

平面图

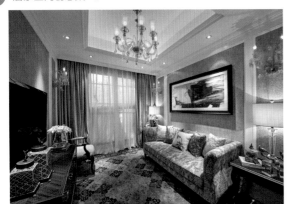

设计单位：SCD（香港）郑树芬设计事务所

主案设计师：郑树芬

软装设计师：杜恒

项目地点：湖南岳阳

项目面积：208m²

中航城翡翠湾 A1 户型

这是一个色彩平衡、层次丰富的空间，米色和咖啡色系是这里最经典的色彩基调。设计师采用欧式古典融合简约现代的手法，打造了一个优雅、惬意的空间，细微之处透露着设计师对当代文化的独特理解。经典线条、优雅的色调与富有张力的现代抽象画混搭，完美展现出新旧两种元素混合的美学观。

客厅的设计以淡高级灰为空间背景，与浪漫尊贵的水晶、丝光绒布、黄铜饰品组合，彰显出欧式风格的典雅与华贵。纯白色顶棚上简洁干练的现代设计线条简化了传统欧式的琐碎藻饰，以明快而有气度的手法重新定义、诠释了现代意义的欧式典范。家庭厅延续客厅典雅的风格，营造了温馨和谐的舒适氛围。家具风格上，设计师采用欧式家具中式对称的陈列，重视家居现代简洁的风格及材料转换的处理。装饰画上选用了大量有张力、笔触感厚重的抽象画，在各个空间中强化着意韵的表达。

餐厅设计力求沉稳大气，强调材质间的对比与结合，以及颜色间的微妙搭配与变化。红棕色实木长方形餐桌、橄榄黄布印花面料餐椅、纯白色红酒柜、黑色线条镜面，古典材质与现代材质形成鲜明和谐的对比。

纯净淡雅的色调，线条圆润的床头软包、淡粉色绗缝床品，这些都赋予主卧温暖舒适的气息，给予居住者一个舒缓疲劳、放松身心的静谧的空间。

平面图

设计单位：昶卓设计

设 计 师：黄莉

项目地点：江苏南京

项目面积：220m²

情韵盎然

首先进入眼帘的就是门厅区域，左手的鞋柜特意做得相对较低，就是为了方便进门换鞋，而旁边的高柜则是便于放衣服，达到了美观与实用的完美结合。在客厅的设计中，电视背景墙旁玻璃隔断上的花形，与电视背景墙的墙纸完全一致，这都是设计师的精心设计；沙发后内嵌的马赛克，让空间变得更有层次。考虑到餐厅的储藏需要，设计师在餐桌旁做了一组酒柜，既实用又美观；餐厅顶上的不锈钢，让降低的吊顶不会显得压抑。整个设计为业主打造了一个舒适美好的居住空间。

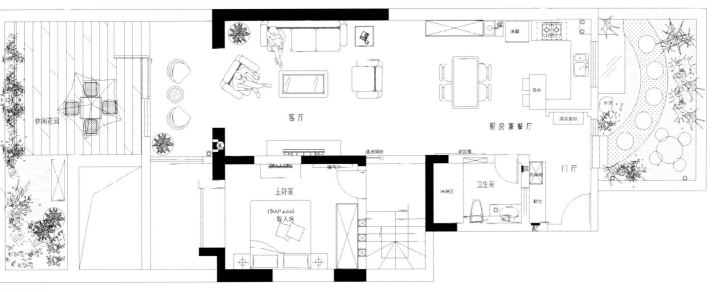

一楼平面图

二楼平面图

地下室平面图

设计单位：陈飞杰香港设计事务所

项目地点：广东东莞

项目面积：603m^2

东莞绿茵温莎堡三期

空间有时就是一种乌托邦的寄想，可以作为情感的归宿和思想的延伸，或者是心灵的收纳。一个赏心悦目的空间能驱散身体的疲惫，犹如清晨的乐章，高贵并且愉悦。

作为一个带有大面积庭院的独立别墅，如何将景观与室内设计做得相辅相成是本案设计的重点。在空间规划时，充分利用落地玻璃门窗、天井将光线引入室内，同时巧妙地运用中庭挑高扩大空间维度并采用石材与艺术品的铺垫呼应，将古典审美范畴中的明暗对比、藏与露的比例采用现代的手法来演绎，充分营造高雅、尊贵的气韵之余还融入不凡的艺术品格。

在对室内空间氛围的整体把握上，设计师匠心独运，让雍容的咖啡色调在整个空间中蔓延，优质的皮面料、亮面装饰的点缀及局部对比色的运用丰富了空间，以高品质的饰面、精致的线条渲染着城市的轨迹，极具匠心的细致雕琢，婉约地诉说着每一个指尖碰触过的唯美故事，将都市的浪漫情怀与现代人对生活的需求结合，营造出复古、前卫、精致的高雅生活。

一楼平面图

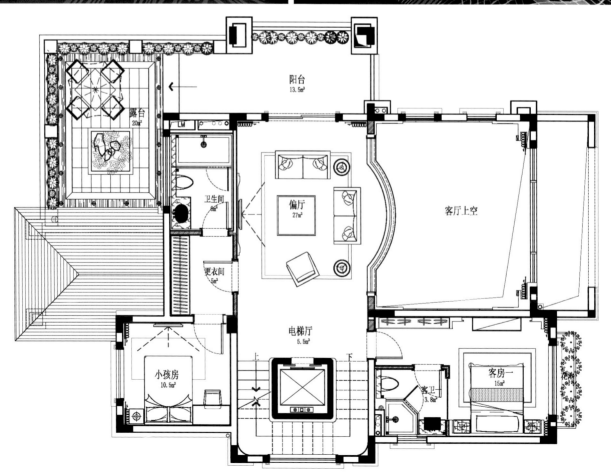

二楼平面图

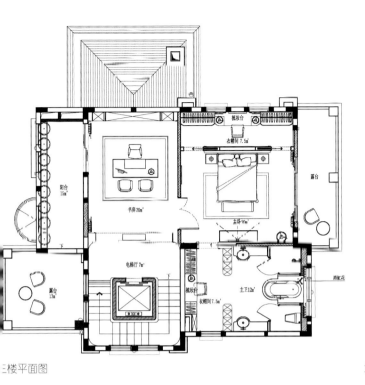

三楼平面图

地下室平面图

设计单位：深圳创域设计有限公司
　　　　　殷艳明设计顾问有限公司
设 计 师：殷艳明、张书
项目地点：四川成都
项目面积：660m²

万科·五龙山别墅大独栋样板间

本案强调软硬装一体化的设计理念，并通过空间与软装陈设的设计语言去解读巴洛克风格的特质与亮点。

位于一层的客厅会客区以宝石蓝色系为主，迷人而优雅，处处彰显贵族的气息。壁炉背后的黑金手绘壁纸，展现出主人对欧洲文化深厚底蕴的留恋与玩味。整体设计方正大气，沙发群组与壁炉、吊灯及挂饰相映生辉，顶棚形态曲直相生，图案与光影交汇，展示了巴洛克风格动态中的平衡美感，古琴的设置让空间在精神层面上有了更高品位的追求。女士餐茶区以酒红色为主，区域的设置突显了人性化的关怀和优雅生活的尊贵，孔雀蓝与羽毛让闲雅的空间有了鲜活的气息。

二层是主卧，空间内的所有家具与软装配饰格调相同，古典图案的咖啡色地毯与拼花木地板、金色雕花的屏风，柔化了居室的硬朗质感，在整体营造奢华氛围的同时，床头绢上绘画《百骏图》更突显低调中的奢华。

中庭空间承上启下，水晶吊灯与绽放的花形、地面流动的圆形图案都在优雅中传递空间的气质与精彩，形与意、态与势展露出瑰丽奢华的贵族风范。

负一层大厅改设为宴会厅，这里是具有仪式感的一个重要空间。宴会厅空间布局与陈设热烈、激情而又华丽，巴洛克激情艺术的气氛展露无遗，金色与蓝色的碰撞给人强烈的视觉震撼。

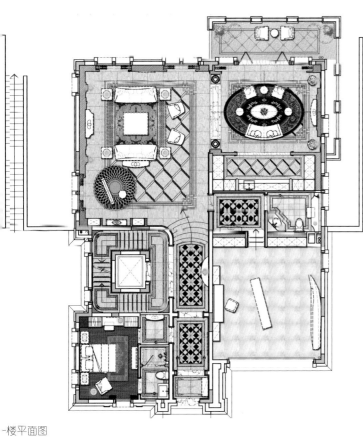

-楼平面图

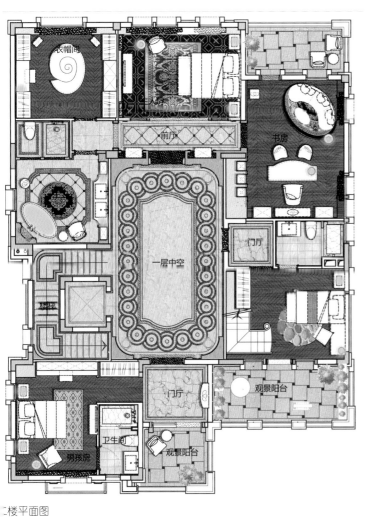

二楼平面图

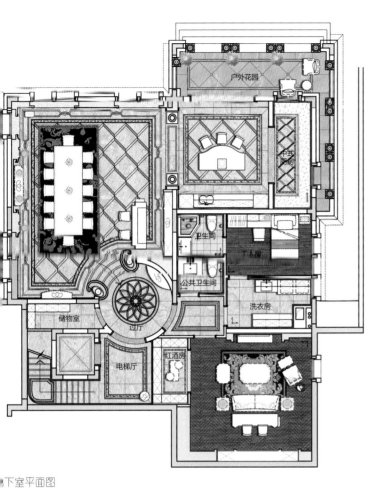

下室平面图

设计单位：空间印象

设 计 师：吕道伟 、赖科、王贯

项目地点：广东珠海

项目面积：661m²

电力家和城样板房

走进家和城的这套样板别墅，仿佛步入时尚大片的片场。张扬的都会气氛，精致的新古典花纹，整齐的灯带蜿蜒而上，带着魔幻主义的俏皮风格，表现出"我行我素"的自信。

公共区域的空间围绕着两个双层挑高休息厅舒展开来，不仅连贯了全局，也体现了设计者对家庭生活沟通与分享的重视。

别墅的功能区分布也很分明：一楼是餐厅、厨房、起居室；二楼是次卧和儿童房；三楼则是主卧和露天休闲区；阅读室和车库在负一层；而负二层则分布有游戏室、活动室、酒窖、起居室和视听室。

整个别墅的设计为住户提供了一个功能齐全、时尚个性的居住空间。

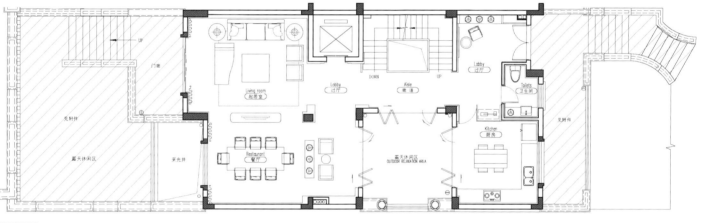

楼平面图

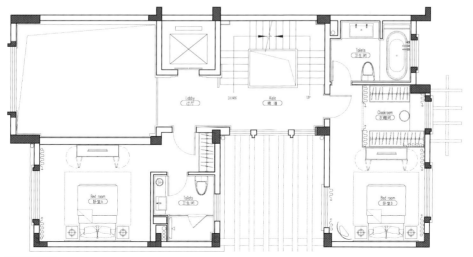

二楼平面图

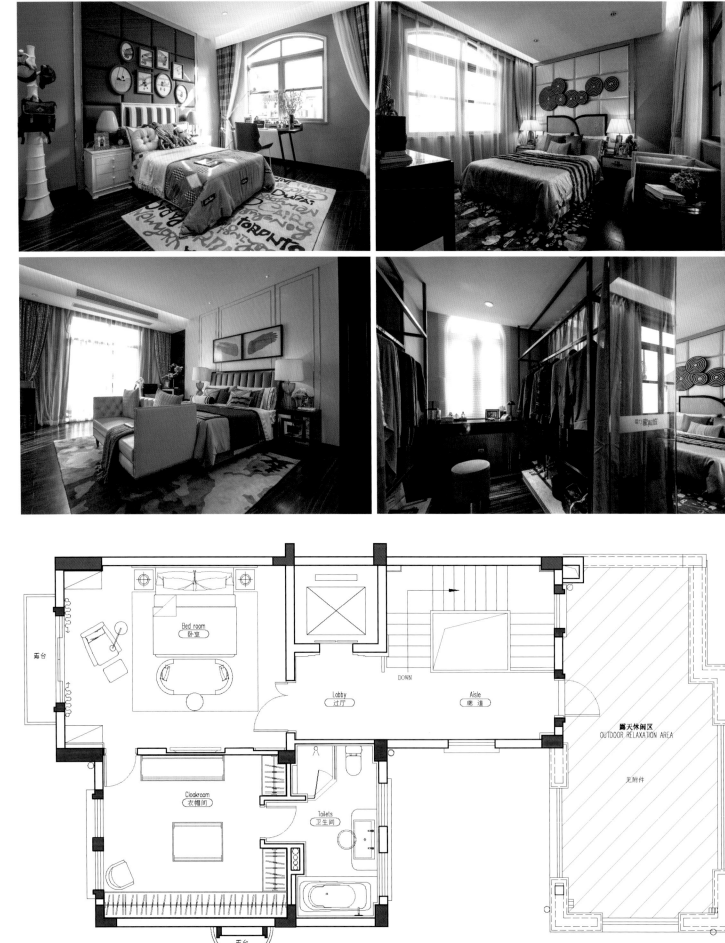

三楼平面图

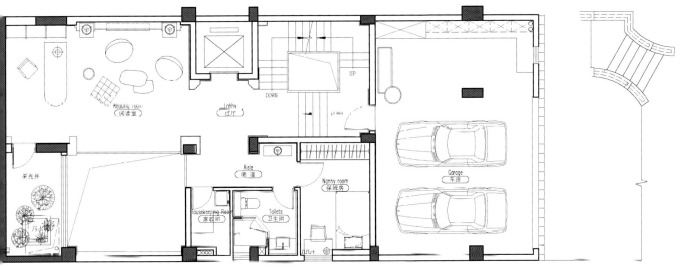

地下室平面图

设计单位：玄武设计

设 计 师：黄书恒、董仲梅、许棕宣

项目地点：台湾

项目面积：220m²

摄　　影：王基守、赵志诚

台北华城

设计者调整动线，倒反为正，缩小别墅原有正面入口，只余几扇错落小窗，允许光线微微射入；建筑原反面处，则以大面落地窗收纳景致，供家人闲暇欢聚。

步入挑高大厅，一盏不规则线条的现代灯具首先映入眼帘。富有东方意境的牡丹织毯，以深紫与水蓝交织出律动感。鸽灰色沙发、墨绿色抱枕，配合以无雕饰木桌，上置绽开繁花，呈现静定、安稳氛围。

为避免空间过于素净，设计者特以纯白壁面与跳色窗帘提升质感；落地窗边放置两张古典座椅，金边雕花、弯曲椅角，上置乳白毛皮现代风格与贵族古韵融为一体。

自最高处开始探索，以柚木装修的斜屋顶，体现英式住宅的古韵，既维持阁楼的挑高感，利用大量木质与纯白壁面，消弭幽暗恐怖的传统印象，同时，将阅读空间（亦是小型乐器室）置于建筑最高处

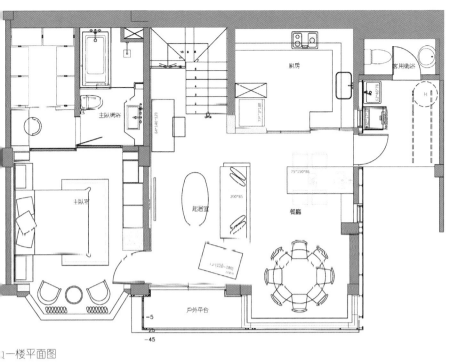

1一楼平面图

特别利用大面透明玻璃铺就围栏，使视觉豁然开朗，上开天窗，任凭日光缓缓洒入。角落里，一张鲜红沙发呈现设计者"不按牌理出牌"的童心，亦服膺空间配置的总体考虑。

设计者将地理特性结合个人偏好，将视野最佳之处规划为佛堂（与屋主专用书房），将 п 字形空间正对大幅山景，提供一个静谧安然的静修沉思之所。前进几步，是紧邻小花园的起居室，只以几幅简单画作点缀墙面，营造休闲轻松的氛围。

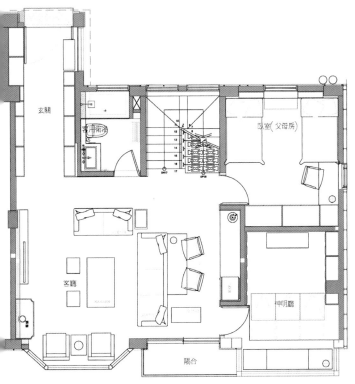

一楼平面图

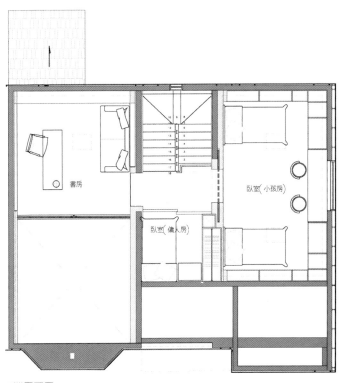

二楼平面图

设计单位：尚层装饰（北京）有限公司

设 计 师：张恒

项目地点：北京

项目面积：220m²

摄　　影：恽伟

绿城

本案是一套古典欧式风格的住宅，业主有一个幸福的四口之家。随着生活节奏的加快，人们对生活的质量也提出更多的要求，最为明显的是，人们开始追求一种时尚、舒适、奢华的高贵感。而此次设计围绕"城市的写意生活"，以浓重的色彩营造一种神秘感，古典的风情，可以华丽、可以优雅、可以精致丰富、可以细腻悠闲自然而绝对、专属而唯一地呈现出居住者的生活态度及对品位的追求。

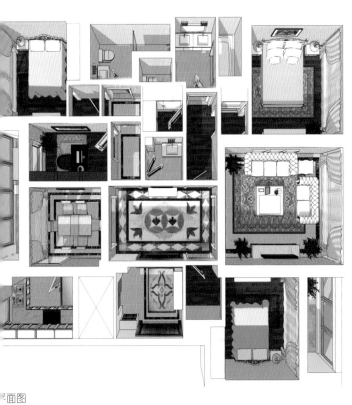

平面图

设计单位：天坊室内计划

设 计 师：张清平

项目地点：广东东莞

项目面积：251m²

晓庐假日田园样板房——中联排 B1F-3F

本案对低调奢华一词，有了全新的诠释。住宅应该像一块璞玉、一瓶陈年美酒，暖暖内含光，越沉越香醇，经得起时间的考验，居于其中者越久越能发现其美好，而唯有内敛不张扬的美感、卓越精致的工艺才能达到此目的。

以点、线、面精巧布局，把这所家宅当成雕塑品般雕琢，也像铺陈画作。看似简单的设计里，其实蕴藏了以时间雕琢的精致、以艺术质感铺陈的奢华，而这些都藏在细节中，需要居者慢慢去体会。

为了让空间量体像一件雕塑品，设计从空间贯穿到家具，例如以细

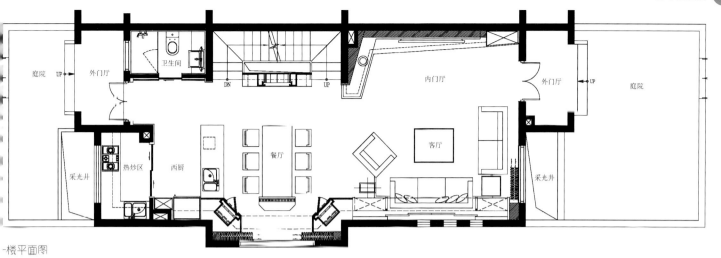

庭院　UP　外门厅　卫生间　内门厅　外门厅　UP　庭院

采光井　热炒区　西厨　餐厅　客厅　采光井

一楼平面图

二楼平面图

珠雕琢的顶棚线板、大理石地板、墙垣，当代经典、线条简洁的沙发，直线倾泄宛如银丝瀑布的水晶灯，精巧的多宝格开放式储柜，直线拼花的艺术地毯等。而除了线条的铺展之外，能让空间雕塑散发光芒的还有对材质的讲究、光线的经营，例如品牌沙发的皮革质感、艺术品的细腻质地等。在此把家具也视为空间的延伸，让彼此融为一体，透过一些家具突显艺术性，创造戏剧性张力与视觉效果，让空间更有生命力。

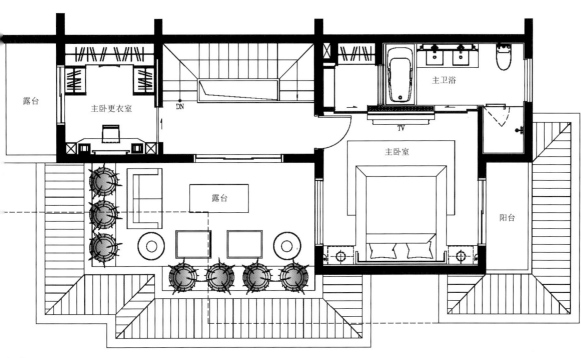

楼平面图

设计单位：天坊室内计划
设 计 师：张清平
项目地点：台湾
项目面积：386m²

自在·对话

一切的设计都来自对行为方式的深入研究。生活态度呈现的独到之处，来自于整体的质量，来自于每一个细节的精致。本案注重表现一种生活的状态，讨论人与人之间的互动及存在价值。

本案的设计以线条、造型、比例的对应，为整体定调。以实用机能、丰富采光、通风对流、动线流畅作为设计原则，借由空间结构、点的延伸，叠合出独特而丰饶的居住体验，空间彼此交叠，引导渐进式的层次律动。再经由材质的特性，领略到生活的质感，纯粹地表达出空间的真实情感。

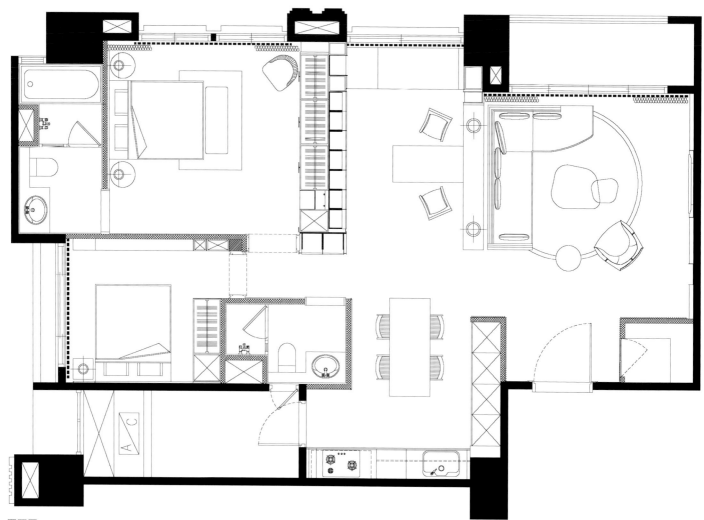

平面图

设计单位：昆明中策装饰（集团）有限公司

设 计 师：林琳

项目地点：云南昆明

项目面积：400m²

滇池向阳院

整个空间主要采用米黄色、白色、金色、黄色色调，大量糅入白色、明黄色与金色，使空间更呈现明快与靓丽。本案采用的新贵古典风格不仅具有强烈的时尚感，还具备了古典与现代的双重审美效果。

一层公共空间，拆除原有的餐厅和厨房的隔墙，把厨房改为开放式厨房，这样不仅能充分保证厨房完整的操作台面，还可以增加餐厅用餐的小氛围，让居家生活的贴心快乐从清早开始就伴随全家。二层把主

小隔为客房和老人房，将主卫改为公卫，实现了空间的巧妙利用。女

房功能齐全，充分利用空间，书房开了窗户，让整个空间敞亮不少。

三层主卧在原有结构上加了隔墙，还把原本位于主卧室的柱子隔到更

衣间区域，通过衣柜对其进行隐藏处理。在原有结构上把三层书房扩

大，改后整个空间在满足功能需求的同时也突显出主人的尊贵与气量。

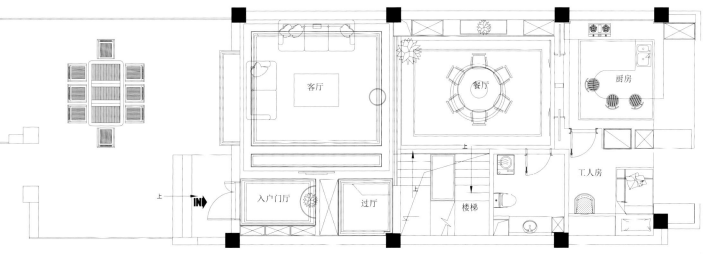

楼平面图

图书在版编目（CIP）数据

奢华古典韵／深圳市海阅通文化传播有限公司主编．
— 北京：中国建筑工业出版社，2015.9
（居家空间创意集 II）
ISBN 978-7-112-18453-8

Ⅰ.①奢⋯　Ⅱ.①深⋯　Ⅲ.①住宅—室内装饰设计
Ⅳ.①TU241

中国版本图书馆CIP数据核字(2015)第216048号

责任编辑：费海玲　张幼平　王雁宾
责任校对：张　颖　陈晶晶
装帧设计：龙萍萍
采　　编：刘太春

居家空间创意集 II

奢华古典韵

深圳市海阅通文化传播有限公司　主编

*

中国建筑工业出版社出版、发行（北京西郊百万庄）
各地新华书店、建筑书店经销
深圳市海阅通文化传播有限公司制版
北京方嘉彩色印刷有限责任公司印刷

*

开本：880×1230毫米　1/16　印张：5¾　字数：200千字
2016年1月第一版　2016年1月第一次印刷
定价：38.00元
ISBN 978-7-112-18453-8
　　　　　（27696）